AF563226

www.ingramcontent.com/pod-product-compliance
Lightning Source LLC
LaVergne TN
LVHW101924220826
846093LV00009B/363

* 9 7 8 1 6 8 7 5 1 3 0 6 9 *